Benjamin Anwadike

Le protocole de Kyoto et les défis de sa mise en œuvre au Nigeria

Benjamin Anwadike

Le protocole de Kyoto et les défis de sa mise en œuvre au Nigeria

ScienciaScripts

Imprint
Any brand names and product names mentioned in this book are subject to trademark, brand or patent protection and are trademarks or registered trademarks of their respective holders. The use of brand names, product names, common names, trade names, product descriptions etc. even without a particular marking in this work is in no way to be construed to mean that such names may be regarded as unrestricted in respect of trademark and brand protection legislation and could thus be used by anyone.

Cover image: www.ingimage.com

This book is a translation from the original published under ISBN 978-613-5-83997-5.

Publisher:
Sciencia Scripts
is a trademark of
Dodo Books Indian Ocean Ltd. and OmniScriptum S.R.L Publishing group
Str. Armeneasca 28/1, office 1, Chisinau-2012, Republic of Moldova, Europe
Printed at: see last page
ISBN: 978-620-5-34444-6

CHAPITRE 1

INTRODUCTION

Signification de l'environnement

Le mot "environnement" désigne littéralement les "environs" et les facteurs qui affectent l'abondance, l'habitat et la distribution d'un organisme dans un lieu donné. En effet, les organismes n'existent pas de manière isolée mais interagissent avec le biote et les composants physiques de l'environnement pour maintenir une unité autonome.

Ces composantes déterminent l'adéquation et l'habitabilité du lieu pour le biote, communément appelé habitat en raison de son dynamisme dans le temps et l'espace. L'importance de l'environnement pour le biote a popularisé le domaine d'études de la biologie appelé **biologie environnementale**, également connu sous le nom d'**écologie**, par le biologiste allemand Ernst Haeckel, Andrewartha, Whittaker, Odum, etc. Les systèmes écologiques présentent des variations dans leurs composantes environnementales qui sont autosuffisantes et tendent vers un point culminant à la sénescence avec le temps.

Le mot environnement a plusieurs définitions mais il est plus facile à reconnaître qu'à définir. L'environnement est un terme biologique pour la somme totale, les agences qui sont des influences chimiques, physiques et matérielles qui affectent le développement, la croissance, la vie et la mort de tous les organismes et la race. L'environnement est catégorisé en types physiques (a biotique), biologiques (biotique), sociaux, économiques et construits et politiques.

 L'environnement socio-économique, également appelé environnement social, traite de l'interaction entre les espèces individuelles et leurs composantes environnementales respectives. Il y a aussi l'environnement bâti qui concerne les zones bien planifiées, construites et fournissant des conditions congénitales. L'environnement est donc perçu comme la somme totale de tous les éléments qui influencent l'homme et l'homme l'influence en retour. L'environnement est dynamique et varie dans le temps et l'espace. Il existe des micro-environnements et des macro-environnements, le premier étant caractérisé par un changement temporel ou à court terme, tandis que le second est caractérisé par des changements de facteurs qui ne sont pas facilement perceptibles parce qu'ils prennent plus de temps à se produire, comme le réchauffement de la planète... Les facteurs environnementaux agissent en synergie pour produire une unité autonome appelée **écosystème**.

La relation entre l'homme et l'utilisation des ressources environnementales dépend de ses opinions philosophiques. Il existe des écoles de pensée qui régissent l'utilisation des ressources, à savoir le déterminisme environnemental, le probabilisme environnemental et le possibilisme environnemental. Le déterminisme environnemental affirme que l'homme n'a aucun contrôle sur son environnement tandis que le possibilisme environnemental affirme que l'homme est le maître de l'environnement, c'est-à-dire que l'homme est le maître de l'environnement. Le probabilisme environnemental adopte une position intermédiaire entre les deux extrêmes, postulant que l'homme et l'environnement peuvent tous deux dominer en fonction des circonstances dominantes du moment.

L'homme dépend généralement de son environnement, qui est doté de ressources pour son existence et sa subsistance, et est donc façonné par celui-ci. C'est pourquoi la gestion de l'environnement par l'homme est fondée sur le fait que les ressources ne sont pas infinies et qu'elles doivent donc être gérées avec prudence et de manière rationnelle afin que l'existence future ne soit pas compromise par l'action incontrôlée actuelle sur l'environnement. L'environnement doit donc être protégé contre toute forme de dégradation et d'abus dus aux activités anthropiques de l'homme. Actuellement, les questions environnementales sont une préoccupation mondiale car les trois milieux de base (l'air, l'eau et les sols) sont des "biens communs mondiaux" qui imprègnent l'environnement mondial et attirent donc l'attention mondiale, comme le changement climatique et l'effet de serre...

L'environnement nigérian est visiblement représenté par des biomes qui sont des zones écologiques majeures de végétation avec leurs composantes animales : la forêt de mangrove et la forêt tropicale humide au sud, tandis qu'au nord se trouvent les savanes (Guinée et Sahel) et le désert du Sahara.

Le Nigeria dispose d'environ 853 kilomètres de côtes le long de l'océan Atlantique et la forêt tropicale est l'une des plus riches en biodiversité, tandis que la zone d'intérêt dans le nord est le lac Tchad qui s'étendait à l'origine sur environ 40 000 kilomètres, mais qui a maintenant diminué de manière drastique en raison du changement climatique.

L'environnement est doté d'une pléthore de composants qui soutiennent la vie et fournissent les ressources telles que la nourriture, les abris, le carburant, les fibres, etc. nécessaires pour satisfaire les besoins de l'homme et des autres biotes. Actuellement, les considérations économiques, qui l'emportent sur les considérations écologiques, constituent une menace majeure pour les ressources environnementales au Nigeria et dans d'autres pays en développement, mettant ainsi en péril les besoins futurs des générations futures.

Menaces et défis environnementaux au Nigeria

L'environnement du Nigeria est complexe et multiforme, doté d'une pléthore de ressources vitales qui interagissent de manière synergique pour former les différents écosystèmes qui comptent parmi les plus riches en biodiversité. La végétation nigériane est variée en fonction des conditions climatiques qui prévalent dans les régions respectives.

La partie nord du pays est dotée de savanes et du désert du Sahara avec leurs compositions florales et faunistiques distinctes. La région méridionale possède à la fois des mangroves et des forêts tropicales humides avec des compositions naturelles de plantes et d'animaux. Cependant, ces deux biomes sont menacés de simplification de la chaîne alimentaire par la perte de biodiversité résultant principalement des activités anthropogéniques de l'homme telles que les feux de brousse, la déforestation, le surpâturage, etc.

Le nord du Nigeria possède la plus longue étendue de terres émergées dans la zone semi-aride avec un écosystème dynamique largement influencé par les conditions climatiques changeantes et la croissance démographique incontrôlée. La région est confrontée aux menaces de surpâturage, de désertification, de précipitations imprévisibles et hors saison, de dessèchement de la végétation, de pauvreté, de faible productivité agricole, de chômage, etc. Certains de ces défis sont étroitement liés et imbriqués, de sorte que les effets résultants sont plus dévastateurs que les effets des facteurs individuels. Il est incontestable que les gouvernements successifs du Nord et les organismes donateurs internationaux ont déployé des efforts pour apporter des solutions aux problèmes et défis régionaux, sans grand succès.

La Conférence des Nations Unies sur l'environnement et le développement (CNUED, 1992) définit la désertification comme la dégradation des terres dans les zones arides et semi-humides résultant de divers facteurs, dont les variations climatiques et les activités humaines. Selon Grainger (1992), la désertification a affecté les régions arides et semi-arides représentant plus de 30 millions de kilomètres carrés, soit environ 20% de la surface de la Terre. On estime que le Nigeria perd environ 35 000 kilomètres carrés au profit du désert, ce qui représente environ 38 % de la masse terrestre totale des États de la ligne de front du nord du Nigeria, qui comprennent les États de Borno, Kano, Bauchi, Yobe, Sokoto, Jigawa, Kebbi et Zamfara.
Le niveau de désertification au Nigeria, selon l'échelle de classification, va de modéré à grave en allant vers le nord. La désertification est principalement attribuée à des causes naturelles et anthropiques qui agissent de manière conjonctive. Les facteurs naturels sont liés aux variations et aux changements climatiques, tandis que les facteurs anthropiques sont d'ordre socio-économique : déforestation, surpâturage, feux de brousse, exploitation minière, construction d'infrastructures et explosion démographique. La désertification entraîne un déclin de la productivité des terres, des pertes de végétation, des pertes de zones humides, le déplacement des dunes de sable vers les routes et les terres agricoles, la migration des hommes et des animaux, etc. Les variations climatiques dans la zone de baisse régulière des précipitations ont entraîné une sécheresse persistante au Nigeria depuis le milieu des années 1960. Elle a provoqué des déplacements de population, une baisse de la

production alimentaire, une diminution des ressources en eau, etc. La sécheresse est causée par l'insuffisance des précipitations et de l'humidité du sol dans un écosystème. Le nord du Nigeria est sous le régime de la sécheresse écologique, agricole, météorologique et hydrologique, caractérisée par des régimes de basses eaux. L'effet est la déshydratation du biote menant au déclin de l'écosystème. Les niveaux d'eau du lac Tchad, qui alimente les États de Borno et de Yobe en eau pour l'irrigation, sont en baisse constante depuis 1988, le niveau tombant en dessous de 293 mètres.

La déforestation a constitué une menace environnementale majeure dans le nord du pays en raison de l'abattage aveugle des arbres sans remplacement concomitant. De nombreux habitants et ménages ruraux dépendent du bois de chauffage comme source de combustible de cuisson, même s'il provient de réserves forestières désignées. La déforestation favorise la désertification causée principalement par la demande de bois de chauffage, le surpâturage, etc.

La région sud du Nigeria se compose de forêts de mangroves et de forêts tropicales humides, les premières se trouvant le long des zones côtières des États suivants : Akwa Ibom, Delta, Bayelsa, Rivers et Cross Rivers. Le Delta couvre environ 200 000 kilomètres carrés et est peuplé d'environ 20 millions de personnes de 40 nationalités ethniques différentes. Il se compose de forêts de mangroves d'eau douce et d'eau salée et de forêts tropicales de basse altitude, dont certaines ont été transformées en réserves forestières, comme les réserves d'Okomu et d'Akassa...

Les forêts sont connues pour être riches en biodiversité et sont gravement menacées par le déversement de pétrole brut, la canalisation, les inondations, l'agitation des jeunes, le bunkering, l'expansion des villes, l'exploitation forestière, la perte du plateau continental, le militantisme des incendies, etc. Le Département des ressources pétrolières (DPR) estime qu'un total de 1,89 millions de barils de pétrole brut ont été déversés dans le delta du Niger entre 1976 et 1986, tandis que la Nigerian National Petroleum Corporation (NNPC) a estimé le total des déversements entre 1976 et 2001 à 2 300 mètres cubes. Les déversements de pétrole peuvent être causés par des accidents d'oléoducs et de camions-citernes, l'exploration et le forage, le soutage, le sabotage des oléoducs, etc. Plus de 70% des habitants de la région sont des agriculteurs et des pêcheurs. Les déversements ont des effets dévastateurs sur la richesse et les ressources de la région.

Les rapports du Programme des Nations unies pour l'environnement (PNUE) sur les enquêtes menées sur les terres Ogoni indiquent que les habitants ont vécu toute leur vie avec la pollution. Les niveaux de benzène dans l'eau étaient 900 fois plus élevés que les niveaux recommandés par l'Organisation mondiale de la santé (OMS) et se trouvaient encore à cinq mètres du sol. Leurs découvertes ont donné lieu à la mise en place du milliard de dollars US pour le nettoyage des terres que l'administration Buharis a lancé en 2016. Les grandes compagnies pétrolières telles que Shell, Agip, Total, etc. sont pointées du doigt comme étant responsables des déversements de pétrole, ce qui entraîne des hostilités entre les compagnies et les communautés hôtes. Le faible développement des infrastructures dans les zones d'exploitation et les inégalités de développement, notamment le manque d'opportunités d'emploi, ont conduit à de nombreuses agitations, voire au militantisme, de la part des jeunes de ces zones. De nombreux jeunes et groupes de défense abondent dans les zones de production pétrolière du delta du Niger et, pour que le gouvernement puisse calmer les militants, il a créé les programmes d'amnistie pour former les jeunes à de nombreux métiers.

CHAPITRE 2

L'HISTOIRE DU PROTOCOLE DE KYOTO

Le protocole de Kyoto a été adopté à Kyoto, au Japon, le 11 décembre 1997 et est entré en vigueur le 16 février 2005 après sa ratification par les 55 pays industrialisés. La règle détaillée pour la mise en œuvre du protocole a été adoptée à Marrakech en 2001 et s'appelle le **"re sous Acocrda".** En vertu du traité, les pays doivent atteindre leurs objectifs principalement par des mesures nationales, toutefois, le protocole de Kyoto leur offre un moyen supplémentaire d'atteindre leurs objectifs par l'un des trois mécanismes basés.

1. Échange de droits d'émission - connu sous le nom de marché du carbone
2. Mécanisme de développement propre (MDP)
3. Mise en œuvre conjointe

En septembre 2011, 191 États avaient signé le protocole et 55 nations industrialisées l'avaient ratifié pour en faire un document juridique efficace pour les pays, à l'exception des États-Unis d'Amérique et de l'Australie, tandis que le Canada s'est retiré. L'Afghanistan, Andorre et le Sud-Soudan n'ont pas signé l'accord. Le protocole de Kyoto est un protocole et un amendement de la Convention-cadre des Nations unies sur les changements climatiques (CCNUCC) visant à lutter contre le réchauffement climatique résultant de l'émission incontrôlée de GES par les nations industrialisées du monde. Il s'agit d'un traité environnemental dont l'objectif est de stabiliser la concentration de gaz à effet de serre dans l'atmosphère à un niveau qui empêche toute perturbation anthropique dangereuse du système climatique.

Dans le cadre de ce protocole, 34 pays se sont engagés à réduire leurs émissions de quatre gaz à effet de serre (GES), à savoir le dioxyde de carbone, le méthane, l'hexafluorure de soufre, l'hydrofluorocarbone et le perflourocarbone, ainsi que celles de tous les pays membres. Les pays, dont les États-Unis, ont collectivement accepté de réduire leurs émissions de gaz à effet de serre de 5,2 % en moyenne pour la période 2008-2012. Cette réduction est relative à leur émission annuelle dans une année de référence généralement 1990 et en raison du fait que les États-Unis ont refusé de ratifier le traité, les pays de Kyoto sont passés de 5,2% à 4,2% en dessous de l'année de référence.

Les unités d'émission ne comprennent pas les émissions de l'aviation internationale et du transport maritime, mais s'ajoutent aux gaz industriels. Les 10 principaux émetteurs sont la Chine (7%), les États-Unis (16%), l'Union européenne (11%), l'Indonésie (6%), l'Inde (5%), la Russie (15%), le Brésil (14%), le Japon (3%), le Canada (2%) et le Mexique (2%). Le chiffre représente le pourcentage de l'émission mondiale. L'objectif principal était de réduire les émissions mondiales de gaz à effet de serre de 5,2% par rapport aux niveaux de 1990 entre 2008 et 2012. Pour des raisons évidentes, les Etats-Unis, le Canada et l'Australie ont retiré leur ratification anticipée du protocole...

Si presque tous les pays du monde ont signé le protocole de Kyoto, la signature seule est symbolique ou un signe de soutien. La ratification entraîne une obligation légale. Cependant, la période de légitimité du protocole est terminée et est maintenant remplacée par l'Accord de Paris signé par plus de 120 pays en 2015 à Paris, seuls les États-Unis s'en étant retirés principalement pour des raisons économiques.

CHAPITRE 3

APERÇU CONCEPTUEL DU CHANGEMENT CLIMATIQUE ET DE SES EFFETS

L'une des questions les plus intrigantes et les plus discutées aujourd'hui, après l'explosion démographique, est le changement climatique, qui vient vraisemblablement en deuxième position après l'explosion démographique. Le monde d'aujourd'hui est considéré comme un village planétaire, de sorte que les actions et les réactions qui génèrent des gaz à effet de serre provenant de sources naturelles et anthropiques sont souvent ressenties à l'échelle mondiale.

Cela est dû principalement à certaines émissions mondiales de GES dans l'environnement résultant de la combustion de gaz naturel et de fossiles, qui libèrent du CO_2 et d'autres gaz à effet de serre dans l'air et dans l'eau et qui peuvent avoir des effets néfastes.

Ces milieux sont en constante évolution et leurs effets peuvent être ressentis de l'autre côté du globe, car ces "biens communs mondiaux" ne disposent pas de frontières naturelles pour contrôler leurs mouvements. Si presque tous les pays du monde ont signé le protocole de Kyoto, la signature seule est symbolique ou un gage de soutien.

La ratification entraîne une obligation légale et devient effectivement un arrangement et un accord contractuel.

De nombreux processus atmosphériques se déroulant à la surface de la terre, précisément les activités biochimiques, dépendent de l'échange de chaleur provenant du rayonnement solaire.

La chaleur absorbée réchauffe l'atmosphère, s'évapore et réchauffe la surface de la terre en plus d'une foule d'autres effets. L'énergie solaire est un rayonnement à ondes courtes qui, lorsqu'il atteint la surface de la terre, est partiellement réfléchi, absorbé et renvoyé dans l'espace sous forme de rayonnement terrestre ou à ondes longues.

On sait que les gaz atmosphériques tels que le CO_2, l'O2 et la vapeur d'eau réémettent le rayonnement absorbé à ondes courtes vers la surface de la terre sous forme de rayonnement infrarouge à ondes longues. Les gaz à effet de serre (GES) sont des gaz qui absorbent et émettent des rayonnements dans la gamme des infrarouges thermiques.

La concentration atmosphérique de CO2 au cours de la période industrielle (1750 à 2017) est passée de 280 ppm à 406 ppm, ce qui représente une augmentation d'environ 40 % de ce gaz.

La concentration de dioxyde de carbone dans l'atmosphère a augmenté de façon remarquable en dépit des puits de carbone et provient en grande partie de la combustion de combustibles fossiles et de gaz naturel, des incendies de forêt, de la déforestation, etc.

L'effet de cette situation est une augmentation de la température à la surface de la terre au-dessus de la valeur vierge qui peut provoquer un réchauffement de la planète entraînant la perte d'écosystèmes et de biodiversité.

Les scientifiques de la sous-région ont été préoccupés par le changement possible du climat de l'Afrique de l'Ouest en raison du réchauffement climatique.

Fasehun *et al.* (1994) ont analysé les données de la moyenne mensuelle des températures (pour une période de 40 ans) et des précipitations (70 ans) dans certaines régions du Nigeria et ont obtenu une augmentation moyenne générale de la température minimale de **3°C** par décennie.

Ce taux de changement a montré des variations latitudinales, le maximum de 6°C par décennie se produisant dans les chiffres de la région saharienne et 2°C par décennie sur la côte.

 Les résultats montrent également une tendance marquée à la baisse de la quantité de précipitations, du nombre de jours de pluie et de la durée de la saison de plantation.

Il existe de nombreuses sources de polluants atmosphériques au Nigeria, la principale étant la combustion de combustibles fossiles. La combustion de combustibles fossiles contribue à plus de 95 % des émissions de soufre et d'oxydes d'azote dans les villes fortement industrialisées.

 La combustion de la savane, l'agriculture, les changements d'utilisation des terres et les combustibles de biomasse contribuent à environ 90 % des émissions de soufre et 55 % des oxydes d'azote dans les communautés rurales (Obioh *et al,* 1994).

Le changement climatique désigne simplement une augmentation de la température moyenne de la planète.

Il peut être défini comme les fluctuations à long terme des précipitations, de la température, du vent et de tous les autres aspects du climat de la Terre.

Le GIEC (2007) définit le changement climatique comme un changement dans l'état du climat qui peut être identifié (par exemple, en utilisant des tests statistiques) par des changements dans la moyenne et / ou la variabilité de ses propriétés, et qui persiste pendant une période prolongée, généralement des décennies ou plus.

Les variations climatiques de certaines variables, telles que la température et les précipitations, ont été enregistrées pendant des siècles, mais elles sont principalement à court terme puisqu'elles ne sont enregistrées que sur une période de dix ans au maximum.

Les variations climatiques survenant sur une période de 100 à 150 ans peuvent ne pas être qualifiées de changement climatique si les conditions s'inversent rapidement par la suite, mais un changement climatique se produit généralement sur une longue période d'au moins 150 ans avec des impacts clairs et permanents sur l'écosystème.

Le changement climatique est différent des termes généralement connus comme fluctuations climatiques ou variabilité climatique. Ces termes dénotent la nature dynamique inhérente du climat à diverses échelles temporelles.

Le monde d'aujourd'hui est sous la menace du changement climatique et de ses problèmes connexes, tels que l'effet de serre, le réchauffement de la planète, les inondations, les pluies acides, les tremblements de terre, les typhons et d'autres incertitudes naturelles.

Les causes sont essentiellement des processus naturels (biogéochimiques) et des processus liés à l'homme ou anthropogéniques.

Elle est principalement causée par des activités humaines qui ne sont pas respectueuses de l'environnement et qui ont des effets délétères à grande échelle sur le biote, en particulier sur l'homme, tels que les infections et les maladies, la malnutrition, les dommages aux infrastructures, les pluies hors saison, la migration des animaux et des hommes, etc.

Le changement climatique est une menace majeure pour le Nigeria et sa population, pour des raisons évidentes, et ce n'est pas un problème à négliger.

Les différentes régions ont leurs propres menaces, par exemple, une grande partie des zones du nord est menacée par une désertification annuelle rapide due à l'assèchement rapide des terres.

Le désert progresse rapidement vers le sud, laissant sur son passage des terres agricoles stériles, ce qui entraîne la migration des populations vers le sud, parmi lesquelles les bergers fulanis, connus pour provoquer des catastrophes et des désordres dans les communautés qui se trouvent sur leur chemin.

Dans le nord-est, où la partie du lac Tchad située au Nigeria s'est asséchée au fil des ans, il ne reste qu'à peine 1 300 kilomètres sur les 4 000 kilomètres qui existaient auparavant.

La savane guinéenne du Nigeria est dépouillée de sa couverture végétale en raison de l'exploitation forestière et des feux de brousse causés par l'agriculture et les établissements humains, ce qui se reproduit dans le sud-ouest où la forêt est remplacée par des prairies.

Les régions du sud-est ont été dévastées par l'érosion par les ravines des établissements humains et des terres agricoles, ce qui a entraîné la pauvreté de la population.

Les régions côtières du sud sont menacées d'inondation en raison de la submersion des basses terres due à la montée des eaux et au problème récurrent de la pollution par le pétrole brut.

La partie sud a eu sa propre part dévastatrice du changement climatique en 2012 avec les inondations massives qui ont détruit des vies et des propriétés que l'Agence nationale de gestion des urgences (NEMA) a quantifiées à des milliards de Naira de dommages.

En 2015, il a été signalé qu'environ 5000 personnes se sont retrouvées sans abri et que 60 maisons ont été détruites par une tempête de vent dans le sud-ouest du

Nigeria.

Le changement climatique ne peut être évité en raison des émissions mondiales passées et présentes, mais les effets destructeurs peuvent être atténués si les émissions de gaz à effet de serre sont réduites de manière drastique à un niveau gérable, ce qui est l'objectif et la philosophie du protocole.

CHAPITRE 4

RÉCHAUFFEMENT DE LA PLANÈTE ET GAZ À EFFET DE SERRE

L'opinion selon laquelle les activités humaines sont largement responsables de la majeure partie de l'augmentation observée de la température moyenne de la planète depuis le milieu du 20e siècle est le reflet exact d'un courant de pensée scientifique ardent, qui devrait se poursuivre au 21e siècle.

Le Groupe d'experts intergouvernemental sur l'évolution du climat (GIEC, 2007) a produit une série de projections sur ce que pourrait être l'augmentation future de la température. Les projections du GIEC prévoient une augmentation de la température comprise entre 1,1 et 6,4° C. Les gaz à effet de serre présents dans l'atmosphère peuvent émettre un rayonnement infrarouge thermique avec les effets qui en découlent. Les principaux gaz à effet de serre présents dans l'atmosphère sont la vapeur d'eau, le dioxyde de carbone, le méthane, l'oxyde nitreux et l'ozone. Sans eux, la température à la surface de la terre serait de 33°C en moyenne.

Le niveau de dioxyde de carbone dans l'atmosphère est passé de 280 ppm à 390 ppm depuis la période de la révolution industrielle. La combustion de la biomasse pour ces secteurs/activités a augmenté sa concentration dans l'atmosphère en dépit du puits de carbone. Les activités humaines ou anthropiques telles que la déforestation, les feux de brousse augmentent les niveaux et sa concentration dans l'atmosphère varie légèrement, les niveaux atmosphériques étant régulés par le cycle du carbone. La durée de vie ou le temps de résidence dans l'atmosphère est de 30 à 95 ans.

La vapeur d'eau est la phase gazeuse de l'eau produite par l'évaporation ou l'ébullition de l'eau liquide et est éliminée par condensation. L'eau existe dans l'atmosphère sous forme de nuages et de vapeur d'eau. Son niveau ou sa concentration dans l'atmosphère varie d'une trace dans le désert à environ 4 % au-dessus des océans. C'est le gaz à effet de serre le plus puissant en raison de la présence du groupe hydroxyle (OH) dans l'atmosphère. La vapeur d'eau dans l'atmosphère est appauvrie par les précipitations et reconstituée par l'évaporation de grandes masses d'eau telles que les océans, les mers, etc. Bien qu'il s'agisse du GES le plus puissant, il a le temps de séjour le plus court, soit 9 à 10 jours.

Le méthane (CH4) est le principal composant du gaz naturel. C'est un puissant gaz à effet de serre dont la concentration dans l'atmosphère terrestre était de 1 745 ppm en 1998 et a atteint 1 800 ppm en 2008. Le méthane d'origine naturelle est produit par le processus biologique appelé "méthanogénèse", que certains micro-organismes utilisent comme source d'énergie. La méthanogénèse est une forme de respiration anaérobie utilisée par les microbes qui vivent dans les décharges, dans l'intestin des ruminants et dans les rizières. Son niveau dans l'atmosphère est régulé par sa réaction avec les radicaux hydroxyles de la vapeur d'eau alors que les activités humaines l'aggravent. Sa durée de vie dans l'atmosphère est de 10 ans et il est éliminé par transformation en dioxyde de carbone et en eau.

Le protoxyde d'azote (N20), également appelé "gaz hilarant" ou "air doux", est un gaz incolore, ininflammable, à l'odeur et au goût doux. Il est utilisé en chirurgie et en dentisterie comme analgésique et anesthésique. Il est connu pour réagir avec l'ozone, provoquant son appauvrissement. Son impact par unité de poids est 298 fois supérieur à celui du CO_2. Ce gaz est émis par des bactéries dans les sols et les océans, les engrais azotés agricoles en étant une source notable. Les sources industrielles représentent environ 20 % de la source totale.

L'ozone (03), autrement appelé oxygène triatomique, les gaz fluorés (hexafluorure de soufre, chlorofluorocarbone, hydrochlorofluorocarbone) sont les principaux gaz à effet de serre. Les CFC sont utilisés comme réfrigérants, pour l'extinction des incendies et dans les procédés de fabrication. Le volume de CFC est de 533ppt. tandis que la proportion d'hydrochloroflourocarbone (HCFC) est de 69ppt. (IPCC, 1994).

Emission nationale de certains GES au Nigeria

Le **tableau 1** montre les émissions nationales pour des secteurs/activités spécifiques rapportées par Obioh *et at* (1994). La ventilation du gaz Co2 montre des émissions nationales brutes de 73 310 000 tonnes, dont 70 090 000 tonnes pour les processus de combustion, 34 625 000 tonnes pour les systèmes pétroliers et gaziers, 31 400 000 tonnes pour le torchage du gaz, 14 600 000 tonnes pour le transport et 10 700 000 tonnes pour la production industrielle. La ventilation de la production de méthane montre que 143 000 tonnes proviennent des processus de combustion, 115 900 tonnes des systèmes pétroliers et gaziers et 720 tonnes du torchage. Le transport a représenté 4 100 tonnes, tandis que la production industrielle a généré 33 200 tonnes, le brûlage à l'air libre de déchets solides 6 600 tonnes et le brûlage en forêt/savane 118 000 tonnes, la combustion de bois de chauffage étant la moins importante avec une valeur de 30 tonnes. L'oxyde d'azote a montré une émission nationale brute de 7 000 tonnes, le processus de combustion. (7 100 tonnes), la combustion de forêts/savanes (1 000 tonnes), la production industrielle (400 tonnes), la combustion à ciel ouvert de déchets solides et le torchage de gaz ont généré respectivement 70 et 30 tonnes. Les émissions brutes nationales d'oxydes d'azote (No2) se sont élevées à 924 860 tonnes, dont 716 700 tonnes pour les systèmes pétroliers et gaziers et 1 190 tonnes pour la combustion à ciel ouvert de déchets solides.

Cependant, ces données peuvent avoir changé actuellement, car il n'a pas été possible d'obtenir des documents officiels sur la situation actuelle.

Tableau 1. Émissions nationales pour des secteurs/activités spécifiques

s/n	Tones								
	Sector/activities	SO_2	NO_x	CO	PM	CH_4	N_2O	PB	CO_2
1	Combustion process	67,30 0	35,900	5,900,0 00	1,441,00 0	143,000	7,10 0	2,464,0 00	20,090
2.	(i) Oil And Gas System total	18,90 0	716,70 0	291,800 65,100	2,300 60	115,900 720	380 30	0 0	34,652,00 0
	(ii) Gas Flaring component	300	40,200						34,400,00 0
3	Transportation	11,60 0	80,900	103,300	817,200	4,100	200	2,500	14,600,00 0
4	Industrial production	13,40 0	16,500	15,600	1,054,00 0	33,200	400	60	10,700,00 0
5	Solid waste open process	1970	1,190	65,600	7,790	6,600	70	0.39	nd
6.	Biomass burning process	26,50 0	18,100 30,000	2,064,0 00	1,306,00 0	118,100 30	1,00 0	1,000 10	0(e) 0(e)
	(i) forest/savanna	500	1,800	3,257,0	108,800	nd	nd	20	0(e)

	burning (ii) fuel wood (iii) charcoal	200		00 94,900	4,700		nd		
7.	Gross national emissions (all air pollution sources)	86,900	924,860	6,121,500	22,335,000	1,165,000	7,000	2,464,800	73,310,000
8.	Netherlands (for comparison)	201,000	576,000	930,000	139,700	Na[0]	na	na	159,000,000

Source : Obioh et al (1994)

CHAPITRE 5

LE PROTOCOLE DE KY PROTOCOLE KYOTO ET SES IMPLICATIONS POUR LE NIGERIA

Actuellement, le Nigeria est signataire de nombreux protocoles et traités de conventions mondiales qui concernent l'environnement. Atsegbua *et a.* (2003) ont noté que le Nigeria n'a ratifié que trente conventions mondiales sur l'environnement et qu'il n'en a pas ratifié cinquante-deux pour le moment.

L'impact du changement climatique est devenu une question d'intérêt local et mondial, d'où le plaidoyer et les initiatives menées par les gouvernements et les agences internationales pour sensibiliser aux dangers d'un tel phénomène et à la nécessité d'agir en réduisant les émissions de gaz à effet de serre. A cette fin, le département du changement climatique a été créé sous l'égide du ministère fédéral de l'environnement, avec pour mission d'atténuer l'impact du changement climatique et de s'y adapter, tout en fournissant une orientation politique nationale pour lutter contre ce changement. Historiquement, le 22 avril 1998, lors de la cérémonie d'ouverture de l'atelier sur le réchauffement de la planète et le changement climatique organisé par les Amis de l'environnement, le Dr Raphael Adewoye, ancien directeur général de l'Agence fédérale de protection de l'environnement (FEPA), a fait remarquer que le Nigeria, comme la plupart des autres pays africains, n'est pas seulement vulnérable au changement climatique et aux phénomènes associés. Ils portent également le fardeau d'une triple vulnérabilité qui est :

1. La vulnérabilité de la terre à l'impact environnemental du changement climatique qui engendre l'avancée du désert dans la partie nord du pays avec une progression phénoménale vers le sud qui menace la zone sud située sous le littoral de l'océan Atlantique.

2. Vulnérabilité économique d'une nation largement dépendante des revenus des combustibles fossiles.

3. La vulnérabilité de plus de 100 millions de personnes, dont un grand pourcentage de ruraux pauvres en ressources, dont le fardeau de la pauvreté sera encore aggravé par le changement climatique et entraînera une plus grande misère humaine et des refuges environnementaux.

21

En outre, le 3 août 1998, la première communication nationale du Nigeria à la CCNUCC et la cérémonie d'inauguration des membres du Comité national sur le changement climatique (NCCC) ont eu lieu dans la ville de Kano. La préparation de la communication nationale répondait à l'engagement des parties en vertu des articles 4 et 12 de la convention, selon lesquels les parties s'engagent à préparer et à transmettre leur communication nationale au secrétariat de la CCNUCC sur les changements climatiques. Ceci afin d'aider les parties à la convention à contrôler dans quelle mesure chaque partie se conforme à la mise en œuvre de la convention, en particulier dans le domaine des émissions de gaz à effet de serre.

CHAPITRE 6

ENJEUX DE LA MISE EN OEUVRE DE LA CONVENTION AU NIGERIA

Au fil du temps, le Nigéria semble inconscient des conséquences de son attitude nonchalante à l'égard des émissions de GES dans le pays. Les politiques gouvernementales ont été très incohérentes en ce qui concerne l'atténuation des émissions de GES, car certaines catastrophes se seraient produites avant que la nation ne se réveille aux réalités. Les frontières nigérianes sont encore très poreuses à l'importation de certains biens tels que des réfrigérateurs et des climatiseurs usagés qui ont été éliminés par les pays d'origine.

Ces équipements utilisent des CFC comme liquide de refroidissement, qui sont considérés comme des gaz à effet de serre pouvant s'accumuler dans l'atmosphère et contribuer au réchauffement de la planète.

L'importation de véhicules d'occasion et d'autres automobiles considérés comme de grands générateurs de polluants depuis les pays d'origine, par l'intermédiaire d'hommes et de femmes d'affaires sans scrupules, en connivence avec des fonctionnaires corrompus des organismes de réglementation des importations, aggrave cette situation.

Le niveau de dioxyde de carbone dans l'atmosphère dépasse progressivement la valeur de référence susceptible d'aggraver le réchauffement climatique en raison de la dépendance excessive à l'égard des combustibles fossiles et du gaz naturel comme source d'électricité pour les foyers et les bureaux.

En cette période d'alimentation électrique épileptique du réseau national, les gens fournissent leur propre électricité par le biais de la combustion de combustibles fossiles qui génèrent du CO_2, l'un des GES impliqués dans le réchauffement climatique.

Selon l'Organisation mondiale du commerce en 2015 qui a déclaré que le carburant constituait 79,3% des exportations du Nigeria en 2014.

Le pétrole brut et le gaz naturel sont les principales sources de devises étrangères au Nigeria et sa dépendance excessive à leur égard avec une économie monolithique sans la réalisation évidente qu'il n'est plus durable en raison de la baisse des revenus qui a affecté même d'autres pays producteurs de pétrole.

La pression pour diversifier l'économie est très forte sur le gouvernement nigérian parce qu'il n'a pas réussi à planifier les périodes de recettes excédentaires provenant de l'exportation de pétrole brut, le fonctionnement de l'économie étant criblé par la corruption publique et privée. Depuis longtemps, même la principale agence responsable du pétrole brut et du gaz naturel (Nigerian National Petroleum Company) ne dispose pas de données fiables sur les recettes et le volume des exportations des terminaux vers d'autres pays.

Il y a constamment des accusations de corruption dans les opérations du secteur, d'où l'appel lancé au gouvernement pour le déréglementer. La diversification de l'économie vers d'autres minéraux solides est devenue un slogan commun pour les gouvernements successifs, mais elle n'est pas mise en œuvre, sans plan de développement évident, ce qui est la marque des économies modernes du monde. Le changement climatique est dû à l'augmentation des niveaux de gaz à effet de serre dans l'atmosphère, ce qui entraîne une élévation de la température au-dessus de la valeur de référence. Le Nigeria connaît aujourd'hui un changement climatique défavorable qui se traduit par des inondations persistantes, des sécheresses, des saisons humides et sèches hors saison, l'assèchement des zones humides entraînant une simplification excessive des écosystèmes.

Il en résulte une pénurie d'eau pour l'irrigation et la production d'hydroélectricité. Au Nigeria, le secteur agricole contribue de manière significative au produit intérieur brut (PIB) et emploie de nombreuses personnes dans les zones rurales. La ratification du protocole de Kyoto reste un cauchemar pour le Nigeria en raison de la crainte inhérente de sacrifier les développements économiques à court terme sur l'autel de l'impact à long terme des considérations écologiques du changement climatique. Il est triste de constater que les plans de développement du Nigeria ne prennent pas en compte la menace du changement climatique résultant de l'utilisation de sa principale source d'exportation, le pétrole brut.

Cependant, on peut dire qu'à l'heure actuelle, la diversification de l'économie sera dûment prise en compte en raison de la chute du prix du pétrole brut sur les marchés mondiaux et des propositions de nombreux partenaires commerciaux majeurs visant à adopter d'autres technologies plus propres en interdisant purement et simplement l'utilisation de moteurs à essence. Il s'agit là d'une information suffisante pour que les économies dont le pétrole brut est le principal moteur utilisent leurs revenus pour diversifier leurs économies, y compris le Nigeria. Bien que le Nigeria ne soit pas à l'origine du changement climatique et du réchauffement de la planète, les effets négatifs sur le pays sont évidents, comme les inondations saisonnières, l'avancée du désert dans la partie nord du pays et la destruction des zones riveraines qui dépendent de la pêche pour leur subsistance.

Ces défis sont encore aggravés par l'absence d'éducation environnementale de la population, en particulier des habitants des zones rurales qui brûlent beaucoup de broussailles pour préparer les sites agricoles et utiliser la biomasse comme combustible à des fins domestiques.

Malgré la forte présence d'agences gouvernementales aux frontières, ces marchandises censées être soumises à des restrictions entrent dans le pays, ce qui augmente leur coût et accroît la vulnérabilité de l'environnement aux gaz à effet de serre qui provoquent le réchauffement de la planète.

La corruption et les conflits institutionnels dans les opérations du service douanier nigérian et l'incapacité des agences environnementales telles que la Nigeria Oil Spill Detection Response Agency (NOSDRA), la Nigeria Environmental Standards Regulation Agency (NESREA), le Department of Petroleum Resources (DPR) à réguler le niveau des institutions qui les produisent. Entre-temps, le Nigeria est toujours à la croisée des chemins en ce qui concerne la ratification du traité en raison de considérations économiques qui pourraient s'apparenter à l'attitude des États-Unis, du Canada et de l'Australie qui les a poussés à se retirer, bien que les deux circonstances soient différentes.

La crainte inhérente et palpable du gouvernement nigérian est que la mise en œuvre de politiques visant à réduire la consommation de combustibles fossiles nuira à l'économie du pays, qui est le huitième plus grand fournisseur de pétrole au monde et le neuvième plus grand gisement de gaz.

Cette crainte est évidente en raison de la corruption à grande échelle et incontrôlée qui règne dans le système et de l'absence de plan de diversification des revenus vers d'autres activités économiques viables. Le torchage du gaz, qui contribue de manière significative aux niveaux de CO_2 dans l'atmosphère, est encore largement pratiqué au Nigeria en raison du manque apparent de technologie pour le gérer. Selon une étude réalisée par la Banque mondiale en 2007, le Nigeria est à l'origine d'environ un sixième du torchage du gaz dans le monde, qui libère environ 400 millions de tonnes de CO2.

Ce problème est encore aggravé par le manque de données adéquates pour nous aider à prendre des décisions vitales sur cette question. Le combustible fossile, qui est une source majeure de CO2, est la principale source de devises étrangères du pays, ce qui fait qu'il est empêtré dans la toile de la promotion des avantages économiques au-dessus des avantages écologiques.

La question est donc la suivante : pouvons-nous risquer l'empiètement du désert dans le nord et la transgression marine dans le sud et plaider pour une économie dépendant du carburant ? Notre refus de ratifier la convention peut être considéré par les autres membres comme un acte de sabotage et les autres nations membres auront-elles des répercussions politiques et économiques sur la nation ? La ratification du protocole de Kyoto par le Nigeria et d'autres pays de l'OPEP à l'économie monolithique réduira considérablement leurs revenus, ce qui sera fatal pour leurs économies.

Le Nigeria devrait ratifier le protocole et, par extension, l'accord de Paris, car la dépendance excessive à l'égard du pétrole n'est plus viable, comme en témoigne l'impact économique négatif sur les États membres de l'OPEP. Ainsi, les défis posés par la baisse des recettes en devises provenant du pétrole peuvent être atténués par la mise en œuvre de la diversification de l'économie vers l'exploitation des minéraux solides, puisque le pays en a suffisamment. En outre, les énormes revenus tirés de la vente de combustibles fossiles peuvent être investis dans le développement de sources d'énergie nucléaire, hydroélectrique, solaire et autres sources d'énergie sans gaz à effet de serre.

Compte tenu des circonstances susmentionnées, à savoir la dépendance excessive de la nation à l'égard des combustibles fossiles, la mauvaise alimentation en électricité qui fait que de nombreuses industries et utilisateurs domestiques de générateurs d'électricité utilisent ce type de combustible, les politiques gouvernementales, le fonctionnement transversal des organismes chargés de limiter les émissions de GES au Nigeria, même si le gouvernement décide de ratifier le protocole, les lacunes évidentes pour son succès supposé sont encore nombreuses. Par conséquent, il est très probable qu'elle échoue dans l'environnement nigérian, une attitude que le gouvernement peut difficilement réguler et contrôler. Cependant, toutes les craintes perçues à l'encontre de la ratification du protocole par le gouvernement nigérian peuvent être apaisées en utilisant les revenus gagnés au fil des ans pour diversifier l'économie, car la dépendance excessive vis-à-vis du pétrole brut n'est plus viable.

CHAPITRE 7

PALLIATIFS ET RECOMMANDATIONS

Il ne fait aucun doute que le monde est menacé par le changement climatique et les problèmes qui y sont liés, comme le réchauffement de la planète, les effets des gaz à effet de serre, les inondations, les typhons, les ouragans, la désertification, les glissements de terrain et de boue, l'élévation du niveau de la mer, la pollution, etc. Le changement climatique est un problème mondial majeur causé par les activités humaines, qui a un impact direct sur la santé de l'homme. Le Nigeria a fait sa propre expérience du changement climatique il y a 25 ans dans la région du nord-est, qui comprend les États de Borno et de Yobe, avec l'assèchement de la partie sud du lac Tchad, qui se trouve sur son territoire.

La négligence et l'échec des gouvernements successifs ont donc largement contribué à la montée des groupes d'insurgés dans le pays. Quoi qu'il en soit, certaines initiatives positives ont été prises pour sensibiliser et proposer des solutions à la menace du changement climatique au Nigeria. Par exemple, un atelier de formation de deux jours visant à renforcer la capacité des parties prenantes à intégrer le changement climatique dans les plans de développement des États s'est tenu à Calabar, dans l'État de Cross River, organisé par le département du changement climatique du ministère fédéral de l'Environnement en collaboration avec le Programme des Nations Unies pour le développement (PNUD).

Il a également déclaré que le changement climatique est une question de développement qui devrait être intégrée dans les différents secteurs des plans gouvernementaux nationaux, régionaux et étatiques. Parmi les solutions proposées, citons la sensibilisation des groupes vulnérables tels que les femmes, les enfants et les habitants des zones rurales aux problèmes du changement climatique, ainsi que la relance de la campagne de plantation d'arbres. Des programmes de sensibilisation par le biais d'ateliers, de séminaires, de conférences publiques, de campagnes médiatiques, d'aménagement et d'embellissement du paysage, de plantation d'arbres, de contrôle de diverses activités. En plus de ces recettes, le projet de la Grande Muraille Verte du Sahara et de l'initiative Sahel, qui consiste à planter un mur d'arbres à travers Arica, à la limite sud du désert du Sahara, comme moyen de

28

prévenir la désertification et l'empiètement sur le désert, devrait être rapidement mis en œuvre dans les onze États de la ligne de front du nord du Nigeria, En outre, les planificateurs des programmes scolaires devraient intégrer les connaissances et les informations de base sur le changement climatique dans les matières et les cours obligatoires à enseigner à tous les niveaux dans les écoles, la pollution des médias, etc. On peut recommander qu'il n'est pas trop tard pour avoir un changement d'attitude à la fois de la part du gouvernement et de ses citoyens pour faire tout ce qui est en leur pouvoir pour surmonter l'attitude négative, et mettre en place les politiques nécessaires pour ratifier la convention. Les agences gouvernementales en charge de l'environnement devraient être renforcées par des politiques et des programmes visant à réduire les GES et il devrait y avoir une application stricte des lois sur l'émission des gaz pour se conformer aux normes réglementaires.

La diversification de l'économie par l'investissement des énormes revenus tirés du pétrole brut doit aller au-delà des considérations théoriques, car le temps ne joue plus en sa faveur : la baisse du prix de la matière première est un signe suffisant de l'imminence d'une catastrophe économique. D'autres sources d'énergie alternatives respectueuses de l'environnement, telles que le nucléaire, le solaire et l'hydroélectricité, devraient être dûment prises en considération et mises en œuvre. Des programmes massifs de reboisement et de foresterie devraient être mis en œuvre en créant davantage de réserves forestières, car elles agissent comme des puits pour séquestrer le carbone du dioxyde de carbone, les feux de brousse, le surpâturage et d'autres formes de dégradation des terres devraient être évités. L'adaptation aux technologies propres et l'atténuation de leurs effets doivent être assurées à tous les niveaux et le manque de données adéquates sur le changement climatique peut être stimulé par des recherches financées par le gouvernement dans les établissements d'enseignement supérieur grâce à l'octroi de subventions de recherche sur le changement climatique.

RÉFÉRENCES

Atsegbua, L ; Akpotaire et Dinmowe, E Environmental Law in Nigeria : Theory and Practice, Ababa Press Ltd. Lagos : 2003.

Adejuwon, J.O. Balogun, E.E. et S.A. Adejuwon. . On the annual and seasonal patterns of rainfall in Sub-Saharan. *West Africa, Int J. Climate,*1989 : 7 : 840 - 847.

Adeyefa D.Z. : The Potential Impact of Global Warming and Climate Change on Savanna Crops *Pollutants and their effects on Terrestrial and Aquatic Ecosystem*, édité par Badejo M. A et Vanstraalen :2000.

Bridges, D. et Smithson, P. Fundamentals of Physical Geography. Butter and Turner Ltd. Londres, 1995.

Badejo, M.A. (1998) : Restauration agro-écologique des écosystèmes de savane. *Génie écologique 1998:10:209:219.*

Fasehun, T.A., Eme, O.AU. et A.B. Ahmed, : A Case of Climate Change in Nigeria in : Ebun O.A. (ed) Advancesin Geodesy and Geophysics Research, Second Regional Geodesy and Geophysics Assembly in Africa, Ibadan, Nigeria 1994.

Agence européenne pour l'environnement (AEE). Objectif de partage de la charge de Kyoto pour l'UE - 15 pays, 2005.

Figueres, C. Questions environnementales : Time to abandon blame games and become proactive 2015. The Economic Times, Consulté le 18 décembre 2012. Disponible : *At//Wm^*.theeconomictimes.com

Grubb, M. Kyoto et l'avenir des réponses internationales au changement climatique : From Here to Where?/ Revue internationale des stratégies environnementales 2004 : 5(1) : 2 (Version PDF)

Janowiak, J. E.. An investigation of inter annual rainfall variability in Africa. *J. Climate.* 1988 : 240 -255.

Groupe d'experts intergouvernemental sur l'évolution du climat. Projected climate change and its impact. Dans core writing team (eds). Résumé pour les décideurs politiques.

Rapport de synthèse. Contribution des groupes de travail 1, ii et iii au quatrième rapport d'évaluation, Cambridge University Press, 2007.

Agence internationale de l'énergie (AIE) L'énergie et l'objectif ultime en matière de changement climatique. World Energy Outlook, Paris, France, 2010.

Le protocole de Kyoto : Encyclopédie Britannica Encyclopédie Britannica Ultimate

Reference Suite Chicago., 2010 Disponible : *http//www.br|tann|ca.com*

Protocole ultime de Kyoto : Microsoft Encarta ,2009

Protocole de Kyoto à la Convention-cadre des Nations unies sur les changements climatiques (2011) Consulté en octobre 2011 Disponible : *http//www.kyotoprotoco* .com

Levy, K ; Bradley, R, Document de travail : Annex1 Emission Reduction Pledges (PDF) Washington DC, USA, 2010.

Michael Mastrandaea et Stephen A.S. Effet de serre Microsoft Encarta, 2009

Mora, C (2013) The Projected Timing of Climate Departure from recent variability *Nature* 2013 : 502 (7470):183 -187.

NASA. Proportions de gaz à effet de serre. Microsoft Encarta, 2010.

Obioh, LB., A.F. Oluwole, F.A. Akeredolu et 0.1. Asubiojo. *Inventaire national des* émissions de *polluants atmosphériques au Nigeria* pour 1988. SEEMS (Nig.) Ltd, Lagos 1994.

Convention-cadre des Nations unies sur les changements climatiques (CCNUCC). Protocole de Kyoto, 2011. CCNUCC

TABLE DES MATIÈRES :

32

Printed by Books on Demand GmbH, Norderstedt / Germany